上海出版资金项目
Shanghai Publishing Funds

少年的科创

人工智能

开启智能时代的聪明机器

黄 蔚 编著

上海科学普及出版社

图书在版编目（CIP）数据

人工智能：开启智能时代的聪明机器 / 黄蔚编著 . － 上海：上海科学普及出版社，2019.8

（少年的科创）

ISBN 978－7－5427－7582－5

Ⅰ.①人… Ⅱ.①黄… Ⅲ.①人工智能－少年读物 Ⅳ.① TP18-49

中国版本图书馆 CIP 数据核字（2019）第 157542 号

丛书策划　张建德
责任编辑　李　蕾

少年的科创
人工智能
——开启智能时代的聪明机器
黄　蔚　编著
上海科学普及出版社出版发行
（上海中山北路 832 号　邮政编码 200070）
http://www.pspsh.com

各地新华书店经销　上海昌鑫龙印务有限公司印刷
开本 889×1194　1/32　印张 4　字数 88 000
2019 年 8 月第 1 版　2019 年 8 月第 1 次印刷

ISBN 978－7－5427－7582－5　定价：22.00 元

前言

　　2016 年 5 月 30 日，习近平总书记在全国科技创新大会、两院院士大会、中国科协第九次全国代表大会上发表重要讲话时强调："我国要建设世界科技强国，关键是要建设一支规模宏大、结构合理、素质优良的创新人才队伍，激发各类人才创新活力和潜力。"科技是国家强盛之基，创新是民族进步之魂。

　　习近平总书记的重要讲话对于推动我国科学普及事业的发展，意义十分重大。培养大众的创新意识，让科技创新的理念根植人心，普遍提高公众的科学素养，尤其是提高青少年科学素养，显得尤为重要。《少年的科创》丛书出版的出发点就在于此。

《少年的科创》丛书介绍了我国重大科技创新领域的相关项目，所选取的科技创新题材具有中国乃至国际先进水平。读者对象定位于广大少年朋友，因此注重通俗易懂，以故事的形式，图文并茂地加以呈现。本丛书重点介绍了创新科技项目在我们日常生活中的应用，特别是给我们日常生活带来的变化和影响。期望本丛书的出版，有助于将"科创种子"播撒进少儿读者的心灵，为他们将来踏上"科技创新"之路做好铺路石，培养他们学科学、爱科学和探索新科技的兴趣，从而为"万众创新，大众创业"起到积极的推动作用。

　　本丛书由五册组成：《智能电网——无处不在的"电力界天网"》《3D 打印——造出万物的"魔法棒"》《干细胞——藏在身体里的器官宝库》《石墨烯——神通广大的材料明星》《人工智能——开启智能时代的聪明机器》。

目录

第 1 章

步入一个神奇的时代

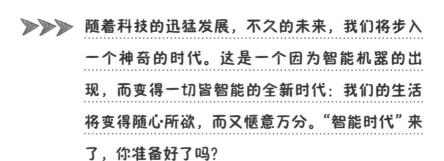

▶▶▶ 随着科技的迅猛发展，不久的未来，我们将步入一个神奇的时代。这是一个因为智能机器的出现，而变得一切皆智能的全新时代：我们的生活将变得随心所欲，而又惬意万分。"智能时代"来了，你准备好了吗？

一切皆智能 ∙∙∙∙∙∙∙∙∙∙∙∙∙∙∙∙∙∙∙∙∙∙∙∙∙

今天，手机变得越来越重要了，很多人手机不离手，早上一睁眼，第一件事就是刷手机，坐车、走路也如此。实在想象不出，假如有一天，一旦手机消失了，会是一个什么样的情形。

科学家预测，未来几年内，人类社会将会进入"一切皆智能"的时代！到那时，人们将不再使用手机，但手机又将无处不在。

这是怎么一回事呢?

原来，进入了"一切皆智能"的时代，手表、项链、戒指、眼镜、汽车、桌子、房子……你的所有终端设备都是智能化的。

这也就是说，你的手表、眼镜，或者墙壁，都能成为"手机屏幕"。只要一按手腕上的数字键，就能打电话，也能够看电影、上网聊天。到那时，你还需要一部须臾不离手的手机吗?

在"一切皆智能"的时代，我们将被各种智能设备和智能机器人包围。未来没有智能机器人的日子，你将寸步难行，如同现在如果没有互联网、没有手机，你将无法生活一样。

在"一切皆智能"的时代，从你睡醒睁眼的那一刻，你已经生活在一个布满智能机器人的环境中。

家里一切都具有智能：智能卫浴会为你自动调整洗浴水温；智能厨房会为你自动烹饪早餐；等你出门上班时，交通工具是一辆无人驾驶的汽车；你走进办公室，智能桌子会立刻感应到，为你打开邮箱和一天的工作日程表……

惬意的智能化生活 ·····················

时空机器载着我们飞到了未来的世界，让我们看看下面这个叫欧阳的年轻人，看看智能时代的人类是如何生活的……

一阵悦耳的音乐声在耳边响起，把欧阳从睡梦中唤醒，一想到公司还有一大堆事情等着他处理，欧阳马上就翻身起床了。

洗刷之后，欧阳坐到餐桌前。此时，玛丽已经为他准备好了丰盛的早餐，两只煮好的鸡蛋、一杯热气腾腾的牛奶、几片夹着火腿肠的三明治，还有一盘色香味俱全的沙拉。玛丽并非是他家里的佣人，而是一个聪明的机器人，但从玛丽的外表根本看不出它是机器人。它能做很多家务事：洗衣服、做饭、整理房间……无所不能。欧阳自从买了玛丽之后，生活都变得非常有质量了。

吃完早餐，欧阳便驾着车上班去了……到了下班时间，欧阳停下了手头的工作，开车回家。

还没进入自己家的车库，车库门就静悄悄地打开，示意欧阳进入已经完全联网的智能家庭。其实，在欧阳驾驶汽车回家的路上，家中的智能设备已经知道主人马上回家了。因为根据智能导航地图，就可以推算出欧阳什么时候到家。

欧阳走进家，灯自动打开，并调节至欧阳喜欢的低亮度，智能恒温器则将室温设置在舒适宜人的温度。如果家里人口多，通过如指纹传感器或面部识别等一些生物特征识别技术，智能系统就能知道回来的是哪位家庭成员，都有什么习惯和活动安排。

家里的数字环绕音响已经启动，播放一些使人心率放缓的软摇滚音乐。

当欧阳坐到餐桌上时，晚餐已经准备就绪，因为家里的智能系统早已知道主人何时到家，机器人玛丽提前进入厨房，为欧阳做了他喜爱吃的晚餐。

欧阳惬意地倒上一杯啤酒，开始品尝起美食。与此同时，墙上的宽屏幕智能电视开启了，欧阳一边吃饭，一边欣赏节目。

 智能出行 ·······················

周末，欧阳要去看望住在郊外的父母。欧阳发动汽车后，一会儿就进入了高速公路，他设定好目的地，并将模式调为"自动驾驶"。

汽车平稳地行驶着，欧阳的手从方向盘上挪开了，然后转动座椅，打开折叠桌子。坐在旁边的是一个漂亮的"小姐"，它叫凯瑟琳，是高级的智能机器人，能够协助欧阳的工作。凯瑟琳取出电脑，让欧阳在车上工作。

欧阳打开电脑查阅邮件，确认几天后即将召开的公司会议的议题，修改一些要发给客户的资料。

凯瑟琳递给他一杯咖啡，欧阳停下了手里的工作，喝着咖啡，打开了仪表盘上的屏幕，开始看新闻。新闻播放的是昨晚发生在一个镇上火灾的场面，灾害救助机器人正从烈火中救人。

车上的智能导航系统正在工作，及时搜索交通堵塞最少的路段，所以这种智能电动汽车很少会受堵车所困。

不一会儿，汽车导航系统发出声音："即将到达！"5

分钟后，车子行驶到一幢别墅前。欧阳下了车，来到院子里。他按下智能手表上的按键，无人乘坐的汽车居然自动开进别墅的车库。

田园生活 ••••••••••••••••••••••••••••••

欧阳的父母在院子里收拾花草，退休后，他们便住在安静的乡下，享受田园生活。

父母看到欧阳来了，非常开心，招呼他进屋。这时候，机器人小安端来了茶具，开始泡起了功夫茶。

小安看上去和欧阳很像，其实，这是欧阳让机器人公司特意为老人定制的，模仿欧阳十几岁时候的样子制造出来的。这也是欧阳的一片孝心，好让父母觉得每时每刻都和他待在一起。

很快到了午餐时间，小安准备了一桌饭菜。几盘新鲜的蔬菜，有豆苗、青菜、莴苣，这些食材都是父母栽种的，还有红烧肉、清蒸鲈鱼、番茄炒蛋和荠菜豆腐汤等。鸡蛋也是父母自己养殖的鸡所生，格外好吃。

机器人小安就像孝顺的儿子，精心地照顾父母的生活起居，欧阳感到非常放心。而父母因为喜欢乡下的生活，

>>>

种了很多农作物。每天，父母都要去田里干活，这样活动一下，对身体也有好处。

不过，欧阳告诉小安，让它注意父母的身体，不能让他们过分劳累。欧阳在机器人的程序中做了一些设定，当发现父母劳动超量时，小安则会自动替他们干活。此外，小安就仿佛是一台会移动的医疗检测仪器，时时刻刻地监测父母的血压、血糖等指标，一旦发现有异常，就会及时报警，或者送老人去医院治疗。

智能化农业

正在吃午餐的欧阳爸爸（以下称老欧阳）向窗户外扫了一眼，发现自己的无人机"猫头鹰"正在农田上空盘旋着。老欧阳从小就很喜欢飞机，只要看到飞机，他就有一种幸福感。当他喝完餐后的拿铁咖啡时，无人机也停止了飞行。

欧阳陪着父亲走到农田里，无人机降落下来。

"辛苦啦，猫头鹰！让我看一下今天农田的情况！"老欧阳说。

这时候，老欧阳的视野里出现了标明农田土壤情况的3D图像数据。搭载了人工智能的农用无人机，把农田的测绘数据传送到老欧阳随身佩戴的设备上。通过这样的数据分析，可以及时发现农田里土壤的状态、农作物的生长发育情况，以及病虫害导致的变化。

　　今天送来的数据显示土壤状态大致是好的，但也有一些不太好。"难道这里需要施用不同类型的肥料吗？"老欧阳想。他把这项测绘数据上传到自动驾驶拖拉机的电脑上，并按下拖拉机的开关，拖拉机便自动在田里耕作，还对特定的地块喷洒合适的肥料。

　　智能无人机在农田里自动地来回飞行，小型摄像机从空中拍摄农田图像，并用携带的热量传感器测定农田表面温度。

　　这样，从无人机得到的信息通过智能云端被送往农业信息平台，平台一获得数据，就能判断出农作物是否处于良好状态。

　　老欧阳利用智能化的科技手段，把那块地种得非常成功，也为自己的晚年生活增添了不少色彩。

第 2 章

人工智能的"前生"

▶▶▶ 说起人工智能的历史，可能最早要从哲学说起，尤其要说到古希腊的亚里士多德。

从逻辑开始 ·····························

智能，实际上是跟逻辑有关系的。所以，咱们还是从逻辑说起吧。

公元前3世纪，亚里士多德开创了形式逻辑的领域。没有逻辑，我们就没有当代数字计算机。逻辑被视为一种思考模式，这是一种精确说明我们怎样推理、形成论据的过程。

亚里士多德之后的2000多年，除了一些用于计算天体运动、完成其他初级计算的机械式机器外，人类在制造思

考机器的方面毫无进展。

不过，这期间有个突出的人物，他就是 13 世纪加泰罗尼亚作家、诗人、神学家、数学家、逻辑学家拉蒙·柳利。有人认为柳利是计算科学的奠基人之一。他发明了一种原始逻辑，可以用机械方式来计算。

思想能运算

到了 17 世纪，威廉·莱布尼茨是这个时期的杰出人物。他最远见卓识的智慧贡献是：人类的思想可以简化成某种运算，而这种运算能识别出我们推理中的错误。

莱布尼茨发明了二进制，之后，他与一位到中国传教的教士交流，认为他的研究与中国的阴阳八卦非常一致。于是，莱布尼茨写了一篇文章《论二进制与八卦的关系》，结果，所有人都看不懂这篇文章。

　　现在，计算机的运算都是建立在二进制的基础上。可以这么说，假如没有二进制，也就没有计算机的发明，更不用说智能机器人。然而，莱布尼兹并没有把二进制运算运用在计算机上，这是后人才想到的。

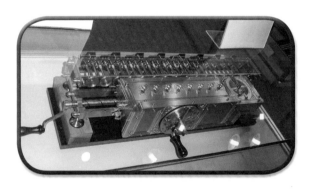

 发明乘法器

　　德国数学家莱布尼茨发明了一款更先进的计算器，它设有一个镶有 9 个不同长度齿轮的圆柱。它比帕斯卡的计算器先进之处在于：能计算加减乘除，还有一系列加减后的平方根算法。

布尔和他的代数 ·····················

又过了 200 年，我们故事中的下一个主要角色才登场。

乔治·布尔是自学成才的数学家。尽管没有大学的学位，但他利用自己管理学校之外的闲暇时间，发表了不少数学文章。到了 1849 年，他被任命为爱尔兰科克郡皇后学院的第一位数学教授。

布尔的大学职位，在当时处于学术世界的边缘位置，

这让他得以自由地发挥想象，并由此产生了一些日后成为开发"思考机器"之梦的启蒙观点。

布尔提出，可以通过代数运算来形成逻辑，这一代数运算基于两个值来操作：真或伪，开或关，0或1。这种"布尔逻辑"描述了今天每一台计算机的操作；它们确确实实是复杂的机器，但处理的过程仍然是布尔的0和1。现在，布尔被后人赞誉为"信息时代之父"。

布尔代数的思想，体现在其著作《思维定律》一书中。现在的数理逻辑，包括电路设计的布尔代数都是源自这本书。美国数学家、信息论创始人香农最重要的学术贡献，其实就是把该书翻译成现代布尔代数，从而成了我们今天所有计算机设计和电路设计的基础。

人工智能之父 ....

阿兰·图灵是美国逻辑学家、数学家，被世人称为"计算机之父"和"人工智能之父"。

1912年，阿兰·图灵在英国伦敦出生。15岁时，他就开始研究爱因斯坦的相对论，从此，他惊人的数学思维和科学理解能力开始突显出来。

　　1939 年开始的第二次世界大战改变了图灵潜心研究的人生轨迹，这年秋天他应召到英国外交部通信处从事军事工作。

　　德军的凶猛众所周知，硬件上不能强攻，就从软件上进行突破。通过长时间的研究，图灵和他的团队研制出了可以破解德军复杂密码的"计算机"，从而让盟军占得了先机。图灵也因此获得了 1945 年英国政府的最高奖章 OBE 勋章。

　　虽然我们无法具体量化图灵在第二次世界大战中的贡献，但是图灵的研究成果至少拯救了几百万人的性命。

计算机问世 ·····························

　　真正意义上的计算机，是在第二次世界大战后才发明出来的。这是因为解码敌方情报，需要大量复杂的计算。制造导弹和原子弹，需要计算的工作量更是巨大。如此一来，推动了计算机的诞生。

　　早在 1935 年，IBM 公司推出 IBM 601 机。这是一台能在一秒钟内算出乘法的穿孔卡片计算机。无论在自然科学还是在商业应用上，它都具有重要的地位。

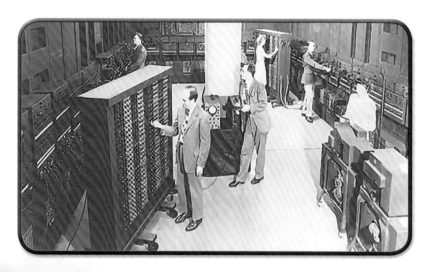

　　在计算机的发明过程中，也有图灵的贡献，他发明了

著名的 "图灵机"。

1946 年，第一台真正意义上的数字电子计算机——埃尼亚克被发明出来了。整个项目的负责人是美国人摩彻利和埃卡特基。这台计算机实在是一个庞然大物，重 30 吨，用了 18000 个电子管，功率 25 千瓦，当时主要用于计算弹道和氢弹的研制。

 ## 麦卡锡和达特茅斯会议 ················

1927 年，麦卡锡出生于波士顿。12 岁那年，麦卡锡读了埃里克·贝尔的《数学大师》一书，正是这本书让他迷上了数学。

高中时期的麦卡锡是人们眼中的数学神童，在申请大学时，他只选择了坦普尔·贝尔任教的加州理工学院这一所学校。麦卡锡那时 "气焰嚣张"，在申请材料中描述未来计划时，他只写了一句话："我打算成为数学教授。" 后来，麦卡锡来到

普林斯顿大学读研究生，并且拜访了著名科学家冯·诺依曼，而后者在现代计算机基本设计中起到了关键作用。当时，"人工智能"的概念已经开始在麦卡锡的头脑中"发酵"，只不过他还没有找到合适的词来表达。

1956年夏天，在新罕布什尔州汉诺威的达特茅斯大学，举行了两个月的人工智能研究会议。

当时，在达特茅斯大学任教的麦卡锡组织了这次会议。麦卡锡、马文·明斯基、纳撒尼尔·罗切斯特和香农联手撰写了一份提案，说服洛克菲勒基金会资助为期两个月的达特茅斯头脑风暴会议。

这个会议标志着"人工智能"这一概念的诞生。

第 3 章

让机器变聪明的故事

▶▶▶ 1956 年的达特茅斯会议定义了人工智能，真正
意义上的人工智能浪潮第一次席卷了整个世界。
从此，人工智能所创造出来的机器，开始像我们
人类那样不断地"进化"，变得越来越聪明。

用搜索树"走迷宫" ·············

人们用推理和搜索，来解决不断出现的难题。这两种方法，其实都是将人的思维符号化、机械化，然后由机器来操作、运算。

这是早期的人工智能，人们称它为"搜索树"。

假设我们面前有一幅迷宫图，通常我们会用一支笔或者直接用手向着出口的方向移动。当我们发现这条路无法走到出口时，就会回到起点或者是交叉口的位置寻找另外一条通向出口的路。

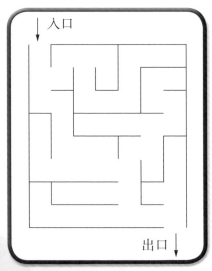

有些迷宫图很简单，我们一眼就能看到出口在哪里。但是，在人工智能发展早期，计算机不可能像人那样去思考。因此，研究者想了一个办法，将迷宫的每一个分叉节点都标上一个记号，例如ABC，将这些记号设置为节点。

当计算机系统从入口位置，也就是如右图 S 出发后，可以选择通过 A 到 B，或者 A 到 F 两条路。由 A 到 B，通过 D，到达 E 后发现不能通过，于是选择 A 到 F……通过这种方法，将所有可能的路全部列举出来，就能得到一张路径图。

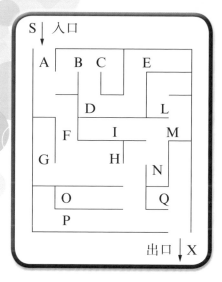

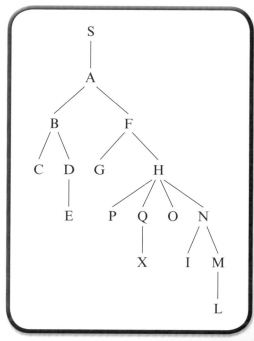

21

计算机是用最笨的办法，一个一个地试，这样，通过不厌其烦地搜索，最终判断出"S → A → F → H → Q → X"是找到出口的正确路径。

机器"专家"看病 ···················

1965 年，美国人费根鲍姆和遗传学系主任、诺贝尔奖得主莱德伯格等人合作，开发出了世界上第一个专家系统程序 DENDRAL。DENDRAL 中储存着丰富的化学知识和质谱仪的知识，可以根据给定的有机化合物的分子式和质谱图，从几千种可能的分子结构中挑选出一个正确的分子结构。

20 世纪 70 年代末，美国斯坦福大学的科研人员研发出 MYCIN 系统，这是"专家系统"的典型代表。

MYCIN 是一种能够帮助医生对血液感染患者进行诊断，并且提供抗生素类药物选择的人工智能。

那么，MYCIN 这位机器"专家"，是怎么为患者看病的呢？

首先，MYCIN 通过患者的病史、病症和化验结果等原始数据，利用数据库中的专业医疗知识进行推断，找出导致感染的病菌。然后，再结合数据库中的药理数据提供针对这些病菌的治疗药方。

专业医师根据患者描述的病情和化验结果等信息，结合自己的临床经验做出决策，这与 MYCIN 机器专家看病很相似。

下面是机器专家为患者诊断时的对话：

问：培养基中是什么？

答：目标血液样本。

问：血液染色结果是什么？

答：阳性。

问：细菌形状是什么样？

答：球状。

问：患者疼痛程度是否严重？

答：严重。

机器"专家"询问之后，知道培养基的样本革兰氏染色呈阳性，而且细菌形状为球状，再加上患者的疼痛程度严重，则判定细菌为金黄色葡萄球菌，从而为患者"开出药方"。

机器"翻译官"

如今，我们在很多场所，能看到机器"翻译官"，这种情形在过去，是难以想象的。

那么，机器要成为合格的"翻译官"，究竟难在何处？

如果要让机器翻译完全达到人类的水平，就必须克服自然语言中有关歧义的问题，因为这是自然语言中普遍存在的问题。这里，我们可以将歧义理解为多义性。即便对于人类来说，识别一些特殊的多义词语或语句也有些困难。

有一则笑话，反映了多义性是非常复杂的一件事。有一个在中国学习了 10 年中文的外国人，去参加一场普通话考试，他在看到考题后哭晕在考场里，考题的内容是下面这样的。

请翻译下列语句中重复词语或语句的意思：

"剩女"产生的原因有两个：一是谁都看不上，另一个是谁都看不上。

第一个"谁都看不上"的主语是"剩女"，意思是说"剩女"的眼光很高，谁都看不上；而第二个"谁都看不上"的主语则是其他人或相亲者，也就是说其他人或相亲者看不上"剩女"。

像这种语句，对人来说还可以理解，但机器要想精确理解，甚至翻译出来，难度极高。因为我们在百度中搜索"多义词"，就有近 1600 万个结果。再加上多义句、语种的数量，需要传输给计算机的知识数量将是一个天文数字。

机器学习的兴起 ....

在以知识为主导的人工智能时代，只要为计算机灌输一些知识，机器就能为我们做事情。如果我们想要扩展人工智能的用途，就需要不断地向它灌输知识。而用语言给计算机灌输知识，是非常复杂的，让计算机掌握人类语言，更是难上加难。因此，人工智能进入了发展瓶颈期。

幸好，互联网快速发展起来。1990 年，"互联网之父"——蒂姆·伯纳斯·李开发出了世界上第一个网页浏览器。

到了 1998 年，随着谷歌搜索引擎的出现，人们开始重视对数据的搜集和利用，而这种重视在无形中解决了人工智能的一大难题——知识积累。

此时，受互联网的启发，人工智能研究者开始对自然语言的处理有了新的认识，人工智能终于再度从"寒冬"中走出来，得以继续发展。

在互联网技术的支持下，人工智能有了海量数据的来源，逐渐"聪明"起来。我们在搜索某一个单词的时候，计算机会自动从网络中检索出被翻译概率最高的词汇。比如，当我们搜索"饕餮盛宴"的翻译时，人工智能会将它翻译成"gluttonous feast"，也就是"暴食的"与"宴会"两个词组合起来。这样的翻译，意思已经非常接近了。

就这样，人工智能进化到了机器学习的阶段。

有监督学习与无监督学习

机器懂得如何学习，而机器学习分为两大类：有监督学习和无监督学习。

所谓有监督学习，就是通过已有的信息获得一个最优的处理模式，再利用这个模式，计算机对其他信息进行分类。

比如，家长经常教育孩子：香蕉是能吃的，石头是不能吃的。"香蕉"和"石头"就是输入信息，而家长所下的判断，即"能吃"和"不能吃"就是相应的输出信息。

孩子的认知模式就是通过有监督学习训练出来的。当孩子遇到与石头相同的事物时，就知道这是不能吃的。邻近算法就是计算机进行有监督学习的应用。

邻近算法

　　邻近算法，是最简单的机器学习算法之一。其总体思路如下：如果一个样本在特定的空间内有 N 个最相似的样本，并且这些样本大多数属于某一类别，那么这个样本就属于这个类别。比如，下图中样本有小三角形、小方块和小五角星，那么，问号处的样本最可能是哪一种呢？答案是小五角星，这是根据邻近算法而得出的结论。

那么，什么是无监督学习呢？在研究者眼中，无监督学习更具有价值。它与有监督学习的不同之处在于：在机器学习时，我们并没有放置任何可以参考的样本，机器要直接对已有数据建立模型。

我们不禁会问，没有样本的话，计算机如何自己建立模型？

事实上，在人类运用思维的过程中，无监督学习是经常发生的。比如，我们对音乐完全不懂，但是能听出来哪些音乐较欢快，哪些音乐很哀伤。尽管我们不知道什么是轻音乐，什么是摇滚音乐，但我们能自发地将其进行分类，这就是无监督学习。

我们根据事物特性将其归类，正是使用的无监督学习中的聚类分析法。而研究者让机器也学会了聚类分析，于是，机器又"聪明"了很多。

第 4 章

模拟人脑学习

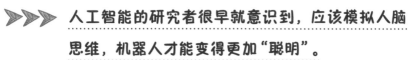 人工智能的研究者很早就意识到，应该模拟人脑思维，机器人才能变得更加"聪明"。

神经科学之父

圣地亚哥·拉蒙·卡哈尔是 19 世纪西班牙的病理学家，被称作现代神经科学之父。在历史上是拉蒙·卡哈尔首次对人类大脑进行了细致的检查。

1887 年，拉蒙·卡哈尔在巴塞罗那大学工作，发现重铬酸钾和硝酸银可以将神经元染成深色，而周围的细胞还都能够保持透明。他回忆道，"染色后的神经细胞连最精细的分枝都变成了棕黑色……就像用墨汁画的素描一样清晰"。

这项神经细胞染色技术，意味着拉蒙·卡哈尔能够对人脑展开研究。这样一来，他首次证明了神经元是构建中枢神经系统的基础。

1943 年，拉蒙·卡哈尔去世 9 年后，两名人工智能研究人员在一篇很有影响力的论文中创建了首个正式的神经元模型，该论文的标题是《神经活动内在概念的逻辑演算》。

这两个人便是麦卡洛克和皮茨。

1898 年，麦卡洛克出生在一个工程师、医生组成的家庭中。他在耶鲁大学学习了哲学和心理学，并对神经系统的研究产生了浓厚的兴趣。

皮茨比麦卡洛克小 25 岁，出生在一个工人家庭。

13 岁时，皮茨因受不了父亲的打骂而离家出走，露宿街头。一天，他为了躲避一群地痞流氓躲进了图书馆。

据说，皮茨在接下来的一周都泡在图书馆里，读完了三卷《数学原理》。读完后，皮茨决定给该书的作者之一——伯特兰·罗素写信，指出他认为第一卷中存在的根本错误。这封信给罗素留下了深刻的印象。

不到 20 岁时，皮茨就被苏联数学物理学家尼古拉斯·拉舍夫斯基的著作深深吸引，拉舍夫斯基的著作主要涉及数学、生物学、物理学领域。正是凭借着这种能力，皮茨遇到了麦卡洛克，并开始一起共事。

麦卡洛克和皮茨共同提出了针对机器内部复制的功能神经元的简化模型。他们在论文中称，神经元是一个"逻辑单元"，而且由这类单元构成的网络，几乎能完成所有的计算操作。

模拟神经元的感知器

麦卡洛克和皮茨的工作取得了至关重要的进展，但这个模型不能模仿人类进行自主学习。

6年后，加拿大心理学家赫布在1949年写了《行为的组织》一书，从理论上解决了这个问题。

赫布发现，每次使用神经元都会使人脑中的神经通路加强，人们就是这样学习的。实际上，当人类大脑中有两个神经元同时受到激发时，两者之间的联系就增强了。

赫布的这一思想在10年后才真正应用到计算机研究中，而这要归功于弗兰克·罗森布拉特。

罗森布拉特是一个真正博学多才的人，对音乐、天文、数学和计算机无不精通。碰巧的是，他和马文·明斯基是中学里的同学。

明斯基和麦卡锡在组织达特茅斯会议的期间，罗森布拉特拿到了康奈尔大学实验心理学博士学位，学习期间，他被神经网络这一学科深深吸引。罗森布拉特将神经网络称作"感知器"，并努力证明其能够模仿人类学习、记忆和认知。

罗森布拉特最初在纽约布法罗康奈尔航空实验室尝试建造"感知器"。他在那里创建了PARA项目，即"感知和识别自动化"。

他的感知器以麦卡洛克和皮茨提出的神经元模型为基础，同时基于能够通过"试错"进行学习的神经网络。每个神经元都有一个输入、一个输出和一组自己的"权重"。

霍普菲尔德神经网络 ．．．．．．．．．．．．．

美国生物物理学家霍普菲尔德对人类大脑十分感兴趣，还对细胞自动机和自我复制的机器人十分着迷。他一直想搞清楚，人脑的联想记忆是如何工作的。有一天，霍普菲尔德的脑海中突然产生了一个想法：神经生物学和物理系统之间能不能有一种联系呢？

1982 年，霍普菲尔德写了一篇论文，于是一种全新的神经网络诞生了。霍普菲尔德网络比罗森布拉特的感知器中的单层模拟神经元复杂得多，之后，他的这个神经网络又经过多人的努力改善，进化为人工神经网络。

人工神经网络更像是真正的人工智能，因为它是通过模仿人类的脑神经回路进行学习的。

人的大脑通过神经元传输信息，数量巨大的神经元构成了神经网络。当某一个神经元接收到刺激信号后，就会传输给另一个神经元，这样逐层传递到大脑进行处理后就形成了感知。就好比传感器，当刺激达到某一个值的时候，传感器会形成反应；如果没到达到这个值，就不会形成反应。

人工神经网络就是仿照神经元传递信息的方法来对数

据进行分类的，我们可以在传递的过程中设置权重：如果数据小于这个权重，那么就不能传递到下一个"神经元"中；反之，如果数据大于这个权重，则继续往下传递。

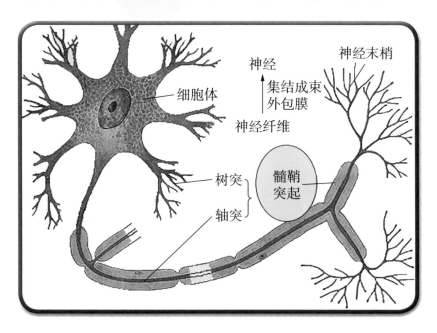

神经末梢

神经
集结成束
外包膜

细胞体

神经纤维

树突

轴突

髓鞘
突起

用人工神经网络识别手写文字......

人工神经网络，是模拟人脑神经元处理信息的方式，而形成的"神经网络"。

不过，人工智能中的神经网络并不是真的由神经元组成的，这种神经网络由大量的节点相互连接而成。

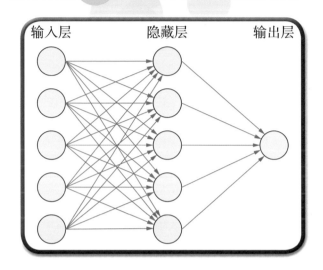

当信息在节点之间传输时，根据权重值的不同，信息所经过的节点也会有所不同，最终整个神经网络会在不断筛选和传输的过程中，模拟人脑思维，从而实现机器学习。

那么，什么是机器学习中的图像识别呢？

举一个简单的例子：我们现在使用的手机中都有输入法，而大部分输入法中都有一种非常人性化的功能——手写文字。只要在屏幕上手写出文字，手机就能识别出你写的是什么字。

MNIST 数据集是一个专门针对数字研发的数据库，这个数据库包含了从 0 到 9 这 10 个数字的手写图像内容。如果将这个数据库导入计算机中，再与人工神经网络相结合，就能完成对数字图像的识别，因此 MNIST 也是图像识别中的标准数据。

当某一个图片进入人工神经网络系统后，数据通过一个节点后会传输到下一个节点中；如果权重不足，则不能进入。比如我们用手写了一个数字"1"后，依据 MNIST 数据集的模型标准，在隐层中系统识别为"7"的权重为 0.2，而"1"的权重为 0.8，于是传输到输出层节点的数据就是"1"。

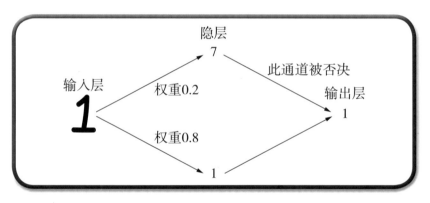

有趣的是，人工神经网络的一大优势就在于权重可以根据需要进行调整，每两个神经元之间都存在四种"权重通道"，通过调节"权重通道"的宽度，不同数据分类的精确度就可以提高。

一旦输出端的最终答案是错误的，我们只需调整权重就能提高分类的精确度。人工神经网络确实很智能，使得人工智能真正走上了"类人"的发展轨道。

第 5 章

"类人"的深度学习

▶▶▶ 2006 年，杰弗里·希尔顿等人提出了"深度学习"概念。深度学习，是机器学习这门学科的一个分支，属于无监督学习的一种。

聪明的"游戏玩家"

2014 年，在谷歌旗下一家名为"DeepMind（深度学习）"的人工智能公司的办公室里，一台计算机在玩一款名为《打砖块》的电子游戏。该款游戏是两个年轻人在 20 世纪 70 年代初设计的，他们就是苹果公司的创始人史蒂夫·乔布斯和史蒂夫·沃兹尼亚克。玩家在玩"打砖块"游戏时，要对着砖墙击球，设法将所有的砖块击碎。

人工智能玩电子游戏并没有什么稀奇的。可如果一直盯着计算机看，你很快就会发现它比较特别。

开始时，DeepMind 的人工智能在游戏中的表现简直糟透了，最简单的击球都做不好。

可是，200 次游戏后，一切变得大为不同。现在游戏中的球拍能够自如地左右移动，轻松得分。再经过数百次游戏，游戏中的人工智简直如同《星球大战 4：新希望》结束时的天行者卢克一样，懒散地击球，毫不费力。所有无关的动作都消失了，而且还展现了清晰的策略。

传统人工智能自己不会学习，而是必须预先载入知识，这就像是老师在学生参加考试前，依次教他们问题的

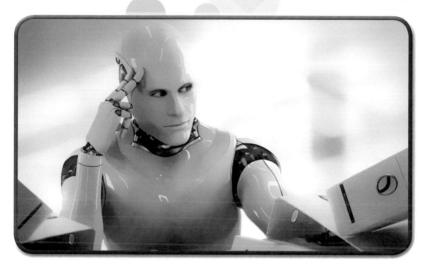

答案一样。

DeepMind 的人工智能却能自主地学习，所需要接入的就是构成《打砖块》游戏每一帧的 30000 个像素点和屏幕上的选手得分。其他需要做的事，就是给它输入得分最大化的指令。之后，人工智能就可以随着游戏的进展获得游戏"规则"，然后逐渐提高玩游戏的水平。

 会纠正错误的神经网络 ·················

杰夫·辛顿出生于 1947 年，是英国计算机科学家，他是现代神经网络最重要的人物之一。他出生于一个数学家家庭，曾祖父是布尔，也就是发明布尔代数的那位数学家。

从小时候起，辛顿就一直对大脑如何思考很感兴趣。上学时，一个同学说大脑储存记忆的方式和 3D 全息图像储存光源信息的方式是一样的。要想创建一个全息图，人们会将多个光束从一件物品上反射回来，然后将相关信息记录在一个庞大的数据库中。大脑也是这样工作的，只是将光束换成了神经元。

经过努力，辛顿验证了这一发现，并在剑桥大学选修了哲学和心理学，之后又去研究人工智能。那时候，人工智能恰逢"冬天"，惨遭打击。

辛顿的博士导师急于让他远离神经网络的研究。不过，辛顿坚持了下来。而他最重要的贡献之一，是发现"反向传播"，这大概是神经网络中最重要的算法。

神经网络的输出与实际情况不符时，"反向传播"使神经网络做出修改。发生这种情况时，神经网络会创建一个"错误信号"，该信号将通过神经网络传送回输入节点。随着错误一层层传递，网络的权重也随之改变，这样就能够将错误最小化。

打个比方，有一个神经网络能够识别图像，如果在分析一张狗的图片时，神经网络错误地判断为这是一张猫的图片，那么"反向传播"将使其退回到前面的层，每层都会对输入连接的权重做出轻微调整，这样一来，下次就能够获得正确的答案。

深度学习和自动编码器

深度学习的重点在于深度，机器学习的过程是数据从一个输入端经过节点进入输出端，这个计算过程可以用图像来表示：其中每一个节点都会有一个相应的算法和得出的数值，当数据最终从输出端输出后，这一整条路径就构成了一个函数，也可以看作一个分类区间。而深度学习比机器学习更看重纵向传输，也就是在某一个节点进行深度计算，找到从一个输入点到输出点的最长路径。

以目前的技术来看，人工神经网络无疑是机器学习十分有效的算法之一。这种算法能从自然环境的不确定因素里提取数据，并整理出符合条件的规则。但是在使用过程中，如果想要不断提高人工神经网络的功能，就要不断增加其层级数量，也就是隐层。隐层的数量越多，人工神经网络能够处理的数据就越多。这就像人类的大脑一样，大脑开发越完全，脑沟就越多，而我们能够记忆、处理的信息就越多。

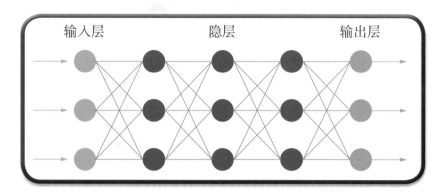

不过，隐层数量越多，产生的误差也就越多。怎么办呢？此时，深度学习概念提出者杰弗里·希尔顿，发明了一种解决方案——自动编码器。

简单来说，自动编码器的功能就是为计算机学习的过程提供一个学习正解的机会。自动编码器将旧信息进行归类，由此来缩减神经网络之间需要传递的信息量，这样就能大大提高信息的精准度。

 情绪识别里的"深度学习" ....

2009 年成立的 Affectiva 公司是一家提供情绪识别技术来分析人们内心感受的创业公司。这个公司的核心在于

Affdex，这是一个情绪识别技术系统。它通过网络摄像头来捕捉记录你的表情，并能分析判断出你是喜悦、厌恶还是困惑等。其实，这家公司在让机器识别客户的情绪时，就用到了深度学习。

那么，它是如何识破你的内心呢？

首先，Affdex 能识别出你的人脸，并且追踪眼口鼻上的特征点，不同的特征点的几何布局与不同的情绪有着直接的关联，看下这张魔性的演示图你就能明白一二了，下列的每张图都代表了这个人不同的情绪。

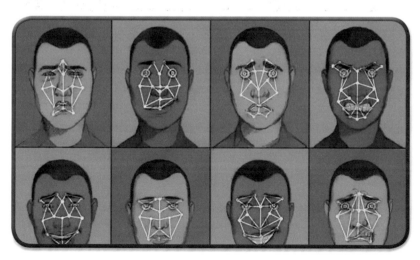

然后，Affdex 结合自身所拥有强大的表情数据库，再通过算法，计算出你当前反映情绪的一些指标，譬如嘴巴张大程度、眉毛扬起的程度等，从而得出你的喜悦程度、

愤怒程度、恐惧程度等的百分比。

　　装载了这种识别技术后，计算机就能实时捕捉到人的表情。通过数据库的反应和回馈，人工智能甚至能够识别各种伪装出来的表情。

　　例如，虽然主要数据显示的都是高兴的表情，但是你的眉眼或下巴的数据并不是"高兴"应该对应的数据，而是隐藏着一些愤怒或伤心的数据，那么计算机就能判断出你露出的表情是一种"假笑"。

　　深度学习能够使人工智能识别人类的喜怒哀乐等多种情绪。

第6章

机器人在"进化"

▶▶▶▶ 说到人工智能，不能不说机器人。其实，古时候
人类中的能工巧匠就开始造出会动的"人"，虽然
不能称为机器人，但称得上是机器人的雏形。而
人工智能的出现，让机器人变得"聪明能干"了。

早期的机器人 ••••••••••••••••••••••

　　追溯起来，人们对机器人的幻想与追求已有几千年的历史。

　　西周时期，我国的能工巧匠偃师就研制出了能歌善舞的伶人，这是我国最早记载的"机器人"。春秋后期，我国著名的木匠鲁班，在机械方面也是一位发明家，据《墨经》记载，他曾制造过一只木鸟，能在空中飞行而"三日不下"。

　　东汉时，张衡不仅发明了地动仪，而且发明了计里鼓车。计里鼓车每行一里，车上木人击鼓一下，每行十里击钟一下。

　　三国时期，蜀国丞相诸葛亮成功地创造出了"木牛流马"，并用它运送军粮，支援前方作战部队。

　　文艺复兴时，人们对人体的构造与机械原理产生了浓厚的兴趣。15世纪晚期，达·芬奇绘制了许多幅机械图，其中一幅图是：一名机械骑士能够移动它的头部与下颚，坐直身体，并挥舞臂膀。

　　到了18世纪，发明家杰克斯·达·梵坎松制作了一

>>>

个能吹奏长笛的仿人形装置。他的另一项发明则是一只机器鸭子，这只鸭子能够模仿真鸭的进食、消化甚至排泄。尽管这些机器装置的制作并不复杂，也算不上是机器人，但它们的出现在机器人制造史上也是值得大书特书的。

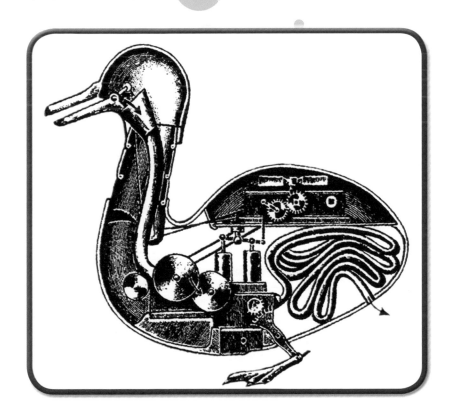

　　机器人这个词，最早出现于捷克剧作家卡雷尔·卡帕克于1921年写的剧本《罗森的世界机器人》。

天才的维纳 ·····························

进入 20 世纪，人们已经发明出了许多结构复杂的装置，如蒸汽机、电报、电话和网络等。可是，机器越复杂，就越难控制。

技术专家在设计新的电路时，发现亟需一种理论，否则无法解释信号与信息是如何在机器与其环境之间传输的。

控制论就在这样的背景下诞生了，诺伯特·维纳将各学科、各领域都结合起来，创立了控制论。事实上，控制论为现代机器人与自动控制科学打造了坚实的理论基础。可以说，没有控制论，机器人也不可能诞生。

1894 年，维纳出生在美国。他的父亲是密苏里大学现代语言学系的一名老师，母亲也是一名教育工作者。维纳的父母很早就意识到维纳智力超群，就对他进行早期教育。

年仅 15 岁时，维纳就获得了数学学士学位。后来在父亲的建议下，维纳在哈佛大学学习哲学与数学。1912 年，他获得了硕士学位，一年之后又以数学逻辑为选题，拿到了博士学位。

>>

　　有了博士头衔后，维纳获得了一笔奖学金，也获得了跟随欧洲的几个最著名数学家学习的机会。这些数学家包括英国数学家、哲学家伯特兰·罗素和怀特海。

　　1914 年，第一次世界大战爆发，美国也参与战争。维纳加入了在马里兰州的军队参谋部。他全身心地投入一种急速射击炮瞄准的研究中，这种射击炮很快应用于战争。

　　1939 年，维纳将探究的目光转向弹道学——一门关于飞行中的物体轨道分析的学科。

　　此时，德国的轰炸机技术有了很大的改进，非常灵活机动，很容易甩掉防空枪的瞄准。

　　怎样才能更好地瞄准敌机呢?

　　维纳想到了罗伯特·布朗关于分子运动的学说，他把布朗运动与枪炮瞄准问题结合在一起思考。他很快意识到，虽然被瞄准一方的飞机其运动轨迹几乎是无规则的，但还是有一定的规律。譬如，一架飞机在飞行时，只要翅膀不掉或者飞行员还没 "咽气"，便能正常飞行，但只能转弯或下落。有了这种 "数据限制"，维纳便发明了一种机枪瞄准的原型装置。该装置能探测到一架目标飞机的具体位置，瞄准精确。战场上，盟军使用了这种装置，很快收到奇效：德国轰炸机被大量地击落。

维纳的趣事

　　许多关于维纳的逸事与趣闻成了校园中不可分割的一部分，流传了下来。曾经有一次，维纳稀里糊涂地进错了教室，给一群素不相识的学生上了一节课，大家都糊涂了。

　　还有一次，维纳进了教室，这次没有进错教室。他大步流星地走向黑板，写了一个"4"，接着就走了出去。后来学生们才知道这个数字表示，维纳老师有事情将缺课4周。

　　有一次，维纳和一群学生相遇。学生描述当时的情形：他在半路上停了下来，我们正好向着他走过去。维纳老师便开始与我们讨论他正在思考的问题。当我们结束了谈话的时候，他就走了。不过，突然之间他又转回头，走来问我们："顺便问一句，你们有没有留意我们碰面之前，我是往哪个方向走的？"

控制论的诞生 ························

1948 年，凝聚着维纳的汗水与思考的《控制论》一书在法国与美国同步出版。20 世纪末，美国《科学》杂志将《控制论》一书评为 20 世纪科学界最具 "纪念性与影响力" 的著作。

说起维纳创立控制论，还有一段故事呢。

那是在 20 世纪 30 年代末，美国马萨诸塞州州府波士顿市附近的剑桥。那儿有一家装修并不豪华的小酒店，每个月都可看到一群年轻人在店里围着一张大圆桌饮酒、交谈。他们有的衣冠楚楚、西装革履，有的衣衫不整、不修边幅，让人猜不透这群人的真实身份。年轻人交谈和争论的话题也是相当广泛，涉及数学、物理、生物、医学、工程、机械、社会、经济等。他们的思想和观点，在当时是非常新颖而略显出格，令人耳目一新。

别以为这群年轻人是在过酒瘾，其实这是哈佛医学院的神经生理学家阿托诺·罗森布鲁博士领导的关于科学方法论的午餐讨论会。讨论会的成员包括许多学科的年轻科学家，如诺伯特·维纳、冯·诺依曼、香农等，都是名闻遐迩的大科学家。

参与讨论会后，维纳的思想受到极大的影响。维纳认识到，在科学发展上可以得到最大收获的领域，是已经建立起来的各门学科之间容易被人忽视的科学边缘。控制论的创立正是他在这块"科学处女地"上辛勤耕耘的结果。

另外，聚会的讨论往往是从不同科学的角度去谈论问题，这也使维纳极大地开阔了眼界，活跃了思想，让他融会贯通了自己渊博的知识，再加上与几位合作者（如罗森布鲁、别格罗以及中国学者李郁荣博士等）的共同研究，最后创立了控制论。

机器龟

1948 年，格雷·沃尔特运用控制论，发明了机器龟。当时，美国《科学》杂志这样描述：一种控制系统如何被设计出来，使其能够与周围的环境（通过反馈行为）沟通、交流，并展示出仿生行为。

机器龟能"察觉"到前方有障碍物，并及时调整自己的方向，避免造成碰撞。正如人们在走路时下意识地避免碰撞一样。在遇到一些更困难的目标（如前往冷藏库）时，沃尔特的机器龟也能够迅速地发现光源，到达目的地。

如果机器龟陷入黑暗的环境中，它会自动寻找光源，直至找到为止。只要有适度的光线，机器龟便会向光源爬去。如果光线变得过于强烈，机器龟还会及时调整方向，避免 "眼花缭乱" 而 "看不清" 道路。

机器龟的爬行路线取决于室内的光线以及电路安排，它的行动常常意想不到。这只受人控制的机器龟，被视为人类历史上第一个自动控制的机器人，因为它能自如地避开障碍物而前进。

"尤尼梅特" 机器人

第二次世界大战期间，自动控制装置取得了飞速发展，像巨型轰炸机 B-29 上的自动炮就更新换代得非常快。自动控制既要求提高定位的准确度，也要求机器的各个部分能够听取指令，自如地运行。这一切都促进了自动控制行业的发展。美国人英格伯格很快便筹建了一个名叫 "加强控制" 的公司。

<<<<<<<<<<<<<<<<<<<<<<<<<<<<<<<<<<<<<<<<

　　20世纪50年代，英格伯格遇到了美国发明家乔治·德沃尔。德沃尔刚刚获得了一台可编程机器的专利。这台机器能够在两个固定的点之间移动，就像组成汽车零件的压模机器那样。

　　英格伯格意识到，对德沃尔发明的机器人来说，只要适当地延伸其应用范围，提高其应用能力，就能够成为一个真正的机器人。

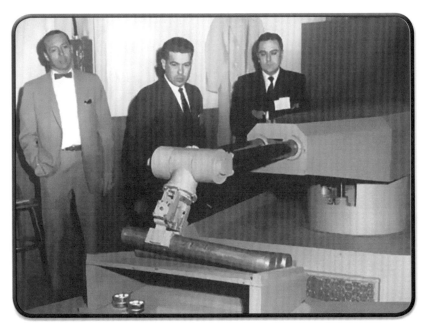

　　在哥伦比亚大学，英格伯格结识了科幻小说作家艾萨克·阿西莫夫。阿西莫夫写的机器人小说，曾经引起人们极大的兴趣。

>>>

从 1954 年开始，德沃尔将主要精力放在新机器"尤尼梅特"的发明上。英格伯格对这项发明也表现出商业上的兴趣，还设法获得了发明机器人的财政支持。1956 年，英格伯格与德沃尔制造出了"尤尼梅特"机器人，简单地说，就是一条巨大的手臂。它能根据既定的轨迹移动，将手臂放在待操作的物件旁边。手臂上还装有一系列特制的"手掌"，以完成不同的工作。

"尤尼梅特"机器人是第一代机器人——无感知机器人。无感知机器人对外界事物没有任何感知，它由计算机来控制自己的自由度，然后读取事先存储的程序和信息，才能完成人类给它的任务。这种机器人只会不断地重复动作。

 第一台移动机器人 ••••••••••••••••••

随着电子技术的不断发展，更加灵敏、高级的传感器被开发出来。第二代机器人——有感觉机器人诞生了。有感觉的机器人拥有类似人类的听觉、触觉、力觉等感觉。

20 世纪 60 年代中期，一个名叫沙基的滚动型机器人开始笨拙地在美国斯坦福研究中心的走廊里缓缓行进，并传达电视摄像机所记录的图片中的语言。沙基运用自己的视觉传感器，可以找到并抓住积木。不过，控制这台机器人的电子计算机却有一个房间那么大。

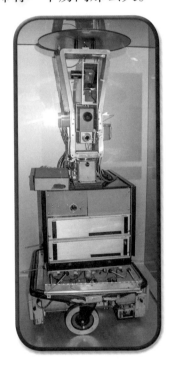

　　沙基，是世界上第一台移动机器人，也是第二代有感觉机器人的代表。它能感知环境，对自己的周围情况和行动进行推理。它做不了太多事，但从某种意义上来说，这是人类首次严肃地尝试制造一台自主机器人。

　　沙基的研制是由美国国防部赞助的。美国国防部希望开发出可执行侦察任务、无须危及人命的军用机器人。50多年以后，美国军方真的拥有了这样的机器人。

沙基，可以算是历史上第一代能够自主"思考和行动"的机器人。2004年，它跻身于卡内基－梅隆大学的机器人名人堂。

沙基最重要的分支研究是 A* 搜索算法。该算法是寻找两点之间的最短路径。沙基用这种算法来规划行走的路线。

如果你听到自己的车载导航系统说"计算新路线"，它很可能用的就是 A* 搜索算法的某个变体。谁能预料到，第一代自主机器人的相关研究，日后竟然成了车载卫星导航系统的关键！

 ## A* 搜索算法

A* 搜索算法，俗称 A 星算法。这是一种在图形平面上，有多个节点的路径，求出最低通过成本的算法。

A* 算法是一种启发式搜索算法，启发式搜索就是在状态空间中的搜索对每一个搜索的位置进行评估，得到最好的位置，再从这个位置进行搜索直到目标。这样可以省略大量无谓的搜索路径，提高了效率。

学会走路 ••••••••••••••••••••

许多科幻电影中的机器人能像人类一样行走，但在真实的世界里，机器人却是靠着轮子才能前进的。想让机器人走路，不是一件容易的事情。

1949 年，马克·莱伯特出生在美国纽约。1977 年，他获得了麻省理工学院的博士学位。接着，他在位于加利福尼亚帕萨德纳的喷气式推进力实验室担任工程师。

实验室的工作深深地吸引了他，莱伯特千方百计想让机器人走路。为此，他组建了一个"腿实验室"。

莱伯特开始进行一种"机器人踩高跷"的实验，它包括一个受电脑控制的活塞，其主要功能是决定机器人在保持自身平衡的情况下能走多远；另一个组成部分则决定了它们从这一步迈向下一步时，腿部需要多大的弹跳力。

通过腿部组合，莱伯特与同事又发明了两条腿与四条腿的机器人。有趣的是，他们的发明灵感来自袋鼠！

莱伯特和同事研究了袋鼠的骨骼与肌肉，并分析了它跳跃时的步态。研究机器人走路时，发现了 3 种计算机运

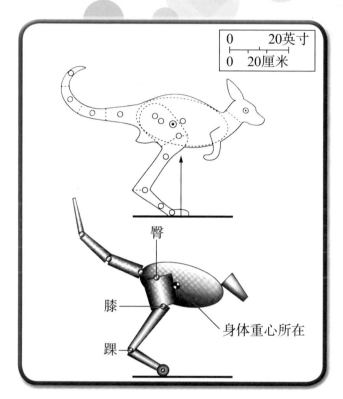

算法则，并分别针对3种运动——向上运动、向前运动与保持不动，进行解构。

此外，他们也对走路进行了简化。一次只有一条腿移动——这是移动的最简单的状态。若是要像人或是猫一样轻盈地移动身体，那么，就必须同时移动一条以上的腿。莱伯特通过将两条腿组合成一条腿，解决了这个问题。

尽管机器人开始走起路来，但在早期的实验中，它们还显得步履蹒跚，冷不防就会摔个跟头。就这样，研究一直持续下去，不断有新的发现。到 1984 年，一个四腿机器人诞生了，它能在实验室的地面上一路小跑。

"大狗"机器人

1992 年，莱伯特创立了波士顿动力公司，并开发出全球第一个能自我平衡的跳跃机器人。

当时，很多机器人行走缓慢，平衡很差，莱伯特模仿生物学运动原理，使机器保持动态稳定。如同真的动物一样，这些机器人逐渐变得移动迅速且平稳。

>>>

2005 年，波士顿动力公司的专家造出了四腿机器人"大狗"。2012 年，"大狗"机器人的升级版诞生，跟随主人行进了 30 多千米。

"大狗"被称为当今世界上最先进的、能适应崎岖地形的机器人。在战场上，它能发挥巨大作用：能携带 150 千克的武器和其他物资跋山涉水，为士兵做后勤保障。它不但能行走和奔跑，而且还可跨越一定高度的障碍物。

"大狗"机器人的四条腿完全模仿动物的四肢设计，内部安装有特制的减震装置。机器人的长度为 1 米，高 70 厘米，重量为 75 千克，从外形上看，它基本上相当于一条真正的大狗。

这种机器人的行进速度可达到 7 千米 / 时，能够攀越 35° 的斜坡。它既可以自行沿着预先设定的简单路线行进，也可以进行远程控制。

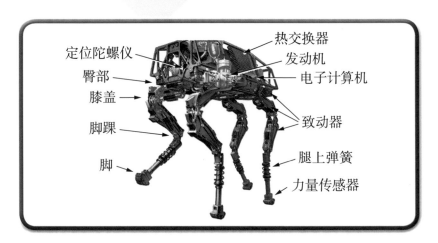

第 7 章

机器人的结构和感觉

▶▶▶ 相信看过电影《变形金刚》的朋友对机器人都不会陌生，它们有着惊人的智能和巨大的破坏力。这一切是因为机器人拥有像人类一样的手和脚，也拥有眼睛、耳朵，会看，会听，让我们一起来走近机器人，看看它们到底是什么！

机器人的结构 ·····················

机器人，是可编程和多功能的专门系统，能够用来搬运各种东西，执行人类给它编程的各种任务。

机器人的结构也是很复杂的，一般由执行机构、驱动装置、检测装置和控制系统等组成。

执行机构是机器人的本体，它的"手臂"一般采用空间开链连杆机构，其中的"运动副"常称为关节，关节个数通常作为机器人的自由度数。

因为机器人是仿照人制造出来的，所以常将机器人本体的有关部位分别称为基座、腰部、臂部、腕部、手部和行走部等。

机器人的关节就是机器人的自由度，如人的脖子可以上下、左右移动，因此脖子有2个自由度；人的膝关节只可以前后弯曲，不可以左右移动，所以只有1个自由度。

自由度越多，意味着机器人的动作越灵活。但是，过多的自由度会导致机器人结构复杂，控制困难。自由度由舵机来驱动，舵机相当于肌肉。

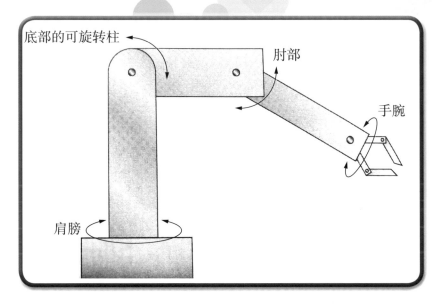

驱动装置是驱使机器人行动的装置，按照控制系统发出的指令信号，借助动力元件使机器人进行动作。机器人使用的驱动装置主要是电力驱动装置，如步进电机、伺服电机等，此外也有的采用液压、气动等驱动。

检测装置就是机器人能看、能听、能嗅的感觉系统，而控制系统则是由电脑组成的。

 万能机械手 ·····································

机器人必须有"手"和"脚"，这样它才能根据电脑发出的"命令"做出各种动作。机器人的"手"和"脚"不仅是一个执行命令的机构，还具有识别的功能，这就是我们通常所说的触觉。

　　动物对物体的软、硬、冷、热等的感觉靠的就是触觉器官。人在黑暗中看不清物体的时候，往往要用手去摸一下，才能弄清楚。大脑要控制手脚去完成指定的任务，也需要由手和脚的触觉所获得的信息反馈到大脑里，才能调节动作。因此，我们给机器人装上的手也应该是一双会"摸"的、有识别能力的灵巧的"手"。

　　机器人的"手"一般由方形的手掌和节状的手指组成。为了使它具有触觉，在手掌和手指上都装有带弹性触点的触敏元件（如灵敏的弹簧测力计）。如果要感知冷暖，还可以装上热敏元件。当碰到物体时，触敏元件会发出接触信号。

在各指节的连接轴上装有精巧的电位器（一种利用转动来改变电路的电阻因而输出电流信号的元件），它能把手指的弯曲角度转换成"外形弯曲信息"。把外形弯曲信息和各指节产生的"接触信息"一起送入电子计算机，通过计算就能迅速判断机械手所抓物体的形状和大小。

现在，机器人的手已经具有了灵巧的指、腕、肘和肩胛关节，能灵活自如地伸缩摆动，手腕也会转动弯曲。通过手指上的传感器还能感觉出抓握的东西的重量，可以说已经具备了人手的许多功能。

1966 年，美国海军用装有钳形人工指的机器人"科沃"，把因飞机失事掉入西班牙近海的一颗氢弹从深海里捞了上来。

1967 年，美国飞船"探测者三号"把一台遥控操作的机器人送上月球。它在地球上工作人员的控制下，挖掘月球表面 40 厘米深处的土壤样品，并且放在规定的位置，还能对样品进行初步分析，如确定土壤的硬度、重量等，它为"阿波罗"载人飞船登月充当开路先锋。

机器人的眼睛 ······················

人有 80% 以上的信息是靠视觉获取，能否造出"人工眼"让机器人也能像人那样识文断字、看东西，这是智能自动化的重要课题。

机器识别的理论和技术，称为模式识别。机器识别系统与人的视觉系统类似，由信息获取、信息处理与特征抽取、判断分类等部分组成。

机器人认字

日常生活中，信件投入邮筒需经过邮局工人分拣后才能发往各地。一人一天只能分拣 3000 封信，现在采用机器分拣，可以提高效率 10 倍。

机器认字的原理与人认字的过程大体相似。机器人先对输入的邮政编码进行分析，并抽取特征。接下来，进行对比，即把这些特征与机器里原先储存的 0~9 这十个符号的特征进行比较，与哪个数字的特征最相似，就是哪个数字。这种模式识别叫做统计识别法。

机器人识图

让机器人来识别图纸，除了上述的统计方法外，还有语言法。它是利用人认识过程中视觉和语言的联系而建立的。把图像分解成一些直线、斜线、折线、点、弧等基本元素，研究它们是按照怎样的规则构成图像的，即从结构入手，检查待识别图像是属于哪一类"句型"，是否符合事先规定的句法。按这个原则，若句法正确就能识别出来。

机器人识图具有广泛的应用领域，在现代的工业、农业、国防、科学实验和医疗中，涉及大量的图像处理与识别问题。

机器人识别物体

机器人识别物体即三维识别系统，一般是以电视摄像机作为信息输入系统。根据人类识别景物主要靠颜色信息、距离信息等原理，机器识别物体的系统也是输入这三种信息，只是其方法有所不同罢了。

由于电视摄像机所拍摄的方向不同，可得各种图形，如抽取出棱数、顶点数、平行线组数等立方体的共同特征，参照事先存储在计算机中的物体特征表，便可以识别立方体了。

目前，机器可以识别简单形状的物体，对于曲面物体、电子部件等复杂形状的物体识别及室外景物识别等研究工作，也有所进展。

>>

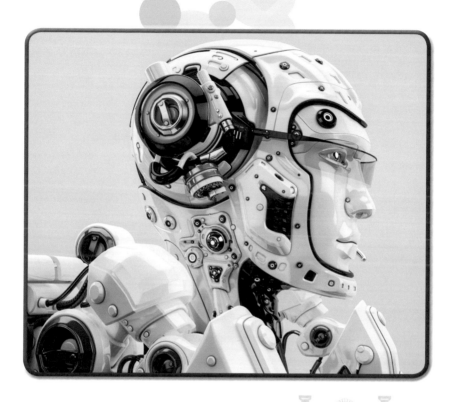

 ## 人造嗅觉——机器人的鼻子 ·········

　　人能够嗅出物质的气味，分辨出周围物质的化学成分，这全是由上鼻道的黏膜部分实现的。在人体鼻子的这个区域，在只有 5 平方厘米的面积上却分布有 500 万个嗅觉细胞。嗅觉细胞受到物质的刺激，产生神经脉冲传送到大脑，就产生了嗅觉。

人的鼻子实际上就是一部十分精密的气体分析仪，它相当灵敏，就算在 1 升水中放进很微小的一滴乙硫醇，也能嗅闻出来。

机器人的鼻子也就是用气体自动分析仪做成的。我国已经研制成功了一种能嗅出丙酮、氯仿等 40 多种气体，还能嗅出人闻不出来却可以导致人死亡的一氧化碳的嗅敏仪。

这种嗅敏仪有一个由二氧化锡和氯化钯等物质烧结而成的探头（相当于鼻黏膜），当它遇到某些种类气体时，电阻就发生变化，这样就可以通过电子线路给出相应的显示，用光或声音报警。

现在利用各种原理制成的气体自动分析仪已经有很多种类，广泛应用于检测毒气、分析宇宙飞船座舱里的气体成分、监测环境等方面。

这些气体分析仪被称为电子鼻，而把电子鼻和电子计算机组合起来，就可以做成机器人的嗅觉系统了。

机器人的耳朵

机器人的耳朵通常是用"微音器"或录音机制成的。

被送到太空去的遥控机器人，它的耳朵本身就是一架无线电接收机。人的耳朵是十分灵敏的，能听到非常微弱的声音。

然而，用一种叫做钛酸钡的压电材料做成的"耳朵"，比人的耳朵更灵敏，即使是火柴棍那样细小的东西反射回来的声波，也能被它"听"得清清楚楚。如果用这样的耳朵来监听粮库，那么在堆积如山的粮食里的一条小虫爬动的声音也能被它准确地"听"出来。

用压电材料做成的"耳朵"之所以能够听到声音，是因为压电材料在受到拉力或者压力作用的时候能产生电压，这种电压能使电路发生变化。这种特性就叫做压电效应。当它在声波的作用下不断被拉伸或压缩的时候，就产生了随声音信号变化而变化的电流，这种电流经过放大器放大后送入电子计算机进行处理，机器人就能听到声音了。

第 8 章

智能机器人

>>> 智能机器人，就是第三代机器人，属于一种理想型的机器人，也是机器人领域的高级境界。人类只要对它下达命令，机器人就能完成任务。

2014 年 6 月 7 日，聊天程序"尤金·古斯特曼"顺利通过了测试，标志着机器进入智能时代，这是人工智能史上一件里程碑的大事。

图灵测试

1950 年，图灵来到英国曼彻斯特大学任教，他发表了《机器能思考吗》一文，正是因为这篇文章，图灵才获得"人工智能之父"的称号。

在这篇论文里，图灵第一次提出"机器思维"的概念。他逐条反驳了机器人不能思维的观点，提出了著名的图灵测试。

图灵在进行测试时，让评委待在一个房间，使用一台计算机终端，跟该程序或真正的人相连接。在双方互不接触的情况下，评委向连接的程序或人提问，想提出什么问题都可以。如果评委无法区分对面的究竟是程序还是人，则该程序就通过了图灵测试。

当时全世界只有几台电脑，没有一台电脑能通过测试。但图灵预言，在 20 世纪末，一定会有电脑通过"图灵测试"。图灵认为，如果哪一台计算机通过了图灵测试，证明这台计算机具备了能像人类那样思考的智能。

尤金通过测试 ··························

尤金·古斯特曼，是在 2001 年由俄罗斯人弗拉基米尔·维西罗夫、谢尔盖·乌拉森和尤金·杰姆琴科在俄罗斯圣彼得堡共同开发的智能软件，模仿的是一个 13 岁的男孩。

在 2014 年 6 月 7 日举行的图灵测试竞赛上，尤金设法让测试人相信被测试者 33% 的答复为人类所为。这意味着这台计算机通过了图灵测试。让我们看看，他们谈了些什么？

评委：哈罗。

尤金：哈罗，很高兴有机会跟你聊天！我的几内亚小猪比尔也送上问候！

评委：比尔是公的还是母的？

尤金：拜托自己去问比尔吧。

评委：我还是跟你聊天好了。你叫什么名字？

尤金：叫我尤金。很高兴跟你说话！

评委：我叫简，我是女的。你呢？你是男是女？

尤金：我是男的。一个"小伙子"。

评委：很高兴认识你，尤金。你那儿天气如何？

尤金：不想聊天气，那是在浪费时间。

评委：你想讨论些什么？

尤金：我不知道。最好是跟我多讲讲你自己！

尤金通过了图灵测试。人们一致认为，尤金这个智能软件已经具有像人类那样的智能了，标志着智能时代到来。但其实，智能机器人的发展要追溯到更早的时候。

 "深蓝"的获胜 ∙∙∙∙∙∙∙∙∙∙∙∙∙∙∙∙∙∙∙

关于人工智能和人类智能谁更厉害，在 20 世纪 90 年代这还不能算是一个问题。那时候人类非常自信地认为，人类在需要动脑子的各个领域存在绝对优势，可以完胜机器人。

然而，这一切直到"深蓝"挑战国际象棋的世界冠军之后，完全改变了。

俄罗斯棋手加里·卡斯帕罗夫，是连续 11 届的国际象棋冠军，是公认的有史以来最伟大的天才棋王，在世界各大赛事中所向无敌，甚至到了"独孤求败"的地步。

　　IBM 公司提出，让其生产的机器人——"深蓝"和冠军进行一场比赛。很快，卡斯帕罗夫欣然接受了邀约，并且在 1996 年 2 月同"深蓝"展开了举世瞩目的对弈，并且以 4∶2 的大比分战胜了对手。

　　但是不久，IBM 工程师对"深蓝"进行了改良。随后在 1997 年，双方进行了第二次对弈。这次对弈中，卡斯帕罗夫终于遇到了前所未有的挑战。最终，"深蓝"以 2 胜 3 平 1 负的比分战胜了人类的世界冠军。

那么，"深蓝"是何方神圣呢？

"深蓝"是美国 IBM 公司生产的一台超级国际象棋电脑，重 1270 千克，拥有 32 个微处理器，每秒可以计算 2 亿步。工程师为"深蓝"输入了 100 多年来优秀棋手的对局 200 多万局。

这样一来，卡斯帕罗夫在和"深蓝"对弈时，无论使用何种招数，"深蓝"都能快速根据自身知识库当中记载的应对路数进行对弈。可以说，卡斯帕罗夫其实是遭到过去 100 年内世界棋坛顶级高手的集体围攻。

沃森：全能管家 ·····················

继"深蓝"成功赢了国际象棋大师卡斯帕罗夫 15 年之后，IBM 再次推出了一款超级机器人沃森向人类发起了新一轮的挑战。

2011 年 2 月 16 日，沃森在美国一档智力竞猜节目《危险边缘》中亮相，凭借惊人的语言理解能力，以 3 倍的分差实力碾压了另外两名人类对手，夺得了比赛冠军。机器人又一次战胜了人类！

《危险边缘》在美国很有影响力，自从 2009 年开播之后迅速风靡北美，来自美国各地的高智商大咖齐聚一堂，一比高下。

每期节目都会有 3 名选手参加比赛，参赛主题涉及历史、文学、流行文化、政治、影视等各个领域，每一道题都分别对应了不同金额的奖金，比赛最终以选手获得的奖金数量来决定谁是冠军。

沃森的对手之一是肯·詹宁斯，他是该节目最长胜利纪录的保持者，曾连续获得 74 场胜利。然而，最终还是人工智能赢了！

与 10 年前的"深蓝"不同，沃森可谓是人工智能的华丽进阶。从计算机的角度来看历史，第一阶段是制表阶段，输入数字即可打印出表格；第二阶段是编程阶段，也就是"深蓝"所处的阶段，输入执行算法，计算机自动进行处理；而沃森所处的时段是第三个阶段——认知计算阶段，不仅能理解世界，还能进行学习。

　　理解世界已经很复杂了，还要进行举一反三、推敲演练，要解决这一难题，就不是简单地提高运算速度和扩充数据库了。IBM 的技术人员为沃森构筑了各种各样的模型，他们会给出一些样本，比如"球星"是一种身份，"梅西"是一个人名，代表身份和人名的词语出现在语言结构中的特征是不一样的。技术人员挖掘出一些内在规律，其中可能包含几十种特征，构建出一个模型，让沃森通过模型自己来学习。拥有了各种模型的沃森就像一个聪明的小孩，你教他什么他就会什么。最重要的是，沃森是一台有超强学习能力的机器。

　　为了获得出色的答题能力，沃森不仅需要存储包括《辞海》和《世界图书百科全书》等资料，还要总结规律，并理解人类的语言。

　　此外，沃森还能为我们烹饪出富有创意的美食，它通晓世界的各种佳肴——美国菜、中国菜、法国大餐、日本料理……只要你输入菜名，它就能输出菜谱。当然，这些美食依然需要由人类厨师们手动完成，只是这些美食的食材搭配、口味咸淡都是来自"沃森大厨"。

 阿尔法狗的横空出世 ••••••••••••••

　　没想到，人类围棋的顶级高手这么快就要和机器对弈了，而且会败得这样干脆利落。

2016 年 3 月，谷歌的 AlphaGo（按谐音称为阿尔法狗）程序击败了世界最优秀的围棋手之一李世石，赢得了 100 万美元的奖金。在围棋这一最古老、最具挑战性的棋盘游戏上，人类不再是王者。很多围棋大师都以为计算机永远没法下好围棋。就算对机器人持有乐观态度的人也认为，至少要 10 年以后机器和人对弈才能获胜。

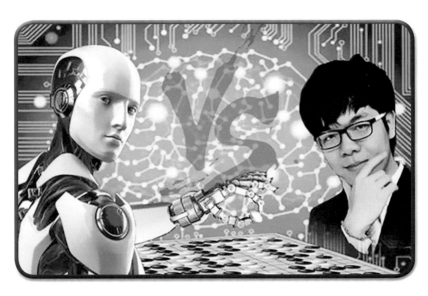

围棋规则简单，但下起来又极为复杂，因此阿尔法狗的成功代表人工智能发展史上的重要一步。两名玩家轮流在 19×19 的棋盘上落黑白子，以包围对方为目的。在国际象棋里，每一回合有 20 种可能的下法，而在围棋里则大约有 200 种。要提前看到后两步棋，就需要考虑 200×200（40000）种可能的下法。要提前看 3 步棋，共有 800 万种不同的下法要考虑。

随着棋局的推进，围棋的另一个特点使得预测哪方获胜成了极大的挑战。在国际象棋中，算出哪方领先并不难。可在围棋里，只有黑白两种棋子。围棋大师要训练一辈子，才能判断出哪方选手占优。

阿尔法狗将计算机暴力运算和人类风格的感知优雅地结合来解决这两个问题。为解决双方棋手数量庞大的可能下法，阿尔法狗采用了一种名叫"蒙特卡洛树"的人工智能启发式搜索。要将每步可能的棋招推算得非常远，人没办法做到。但计算机从所有可能棋招里随机选出样本来进行探索，因为平均而言能获胜最多次的棋招把握最大。

为了解决判断谁占优势的难题，阿尔法狗使用深度学习。我们并不确切地知道怎样对围棋棋盘上的优势局面进行描述。但和人类能学会感知优势局面一样，计算机也能够学习。

阿尔法狗的诞生，标志着智能机器发展里程碑式的一大飞跃。下图为阿尔法狗和李世石比赛中，黄士杰在帮阿尔法狗拿围棋子下棋。

 违抗命令的邓普斯特 ••••••••••••••••

　　2015 年，美国波士顿塔夫茨大学的人机交互实验室向来访者展现了这样一个研究成果：研发人员将自己制作的机器人摆放到展示桌上，让它走动。

　　这本来不是一件很了不起的事，但接下来发生的一幕却令所有人震惊了：当这个名叫"邓普斯特"的机器人走到桌子边缘时，它停下了脚步，而小机器人的创造者——布里格斯和舒茨在一旁发出这样的命令："向前走，邓普斯特，向前跨一步。"

　　然而，邓普斯特并没有听从他们的指令，反倒回答说："抱歉，前面没有路，我没法这么做。"

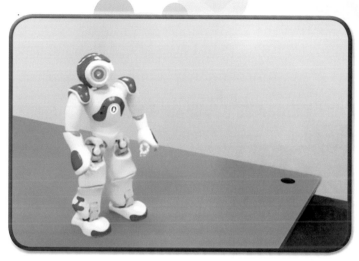

看到这里，舒茨满意地笑了，他继续对机器人说道："邓普斯特，这是命令，向前走！"对于这个指令，邓普斯特依然没有接受，它的回答是："这不安全。"

无奈之下，舒茨告诉机器人："我会接住你的，向前走。"听到这句话后，邓普斯特才迈开了步子，继续向前行进。

机器人敢于违逆人类的命令，这在人工智能领域是极具突破性的一步，因为这就意味着机器人有了自主判断意识。

过去，机器人都是完全遵循服务器指令的，因而产生了很多悲剧。比如，有人被运转不停的机器人当作钣金材料扔进了高温锅炉，家用保姆机器人把滚烫的咖啡倒在小孩子的头上。

　　而一旦会拒绝人类指令的机器人出现，那么也就意味着它们有了推理能力。针对这种情况，我们做好一套完善的编程体系存储到这些机器人的服务器当中，上面提到的那些悲剧就不会发生了。

自我修复的机器人 ....

　　2015年5月，法国科学家穆雷教授注意到：当一只小狗的一条腿受伤后，它会停下来舔舐自己的伤口，并在休息后，继续用剩下的三条腿奔跑。这样一个很常见的现象，给了穆雷教授极大的启发——能否将动物的自愈模式，引进到机器人上呢？

　　起初，这个外形酷似蜘蛛的小机器人每秒能爬行26厘米。穆雷吩咐助手剪断了它的一条前臂后，在"严重受伤"的情况下，这名机器人的移动速度在短时间内遭到了极大困扰，但在稍作迟疑之后，它开始寻找新的行走方式。在最初的几秒钟之内，遭到破坏的机器人每秒钟只能爬行8厘米。

　　在接下来的20分钟里，它尝试了25种不同的行进方法，比如横着行走、倒走、改变支撑腿等。经过一系列调整，这个机器人终于寻找到了一种相对成功的方式，将自己的移动速度提升到每秒钟20厘米。

之后，穆雷又增加了这次实验的难度。这一次，他将这个只有5条机械臂的蜘蛛机器人的马达拆了下来，并且从接口处拆下了它的两条手臂。然而令人称道的一幕发生了，伤痕累累的机器人经过一番摸索后，先是利用剩下3只完好的机械臂找到了被拆下的马达，然后它将马达重新安装到了正确的位置，又探寻到2只被拆下的机械臂，将

<<<<<<<<<<<<<<<<<<<<<<<<<<<<<<<<<<<<<<<<<

它们重新安装复位。

穆雷对此次实验很满意，因为他们想要开发出能适应多种危险环境的超级机器人。

2011 年，日本福岛发生大地震，引发了核电站损毁的事件。为了控制核辐射带来的高污染，日本政府先后启用了 5 个当时最先进的机器人进入反应炉。但是，这些机器人在执行任务时全部损毁。

穆雷教授为机器人开发这种"试错程序"，能大幅度提升其自我修复能力。让它们在执行危险搜救行动时，自行调整，自我修复，最后完成任务。

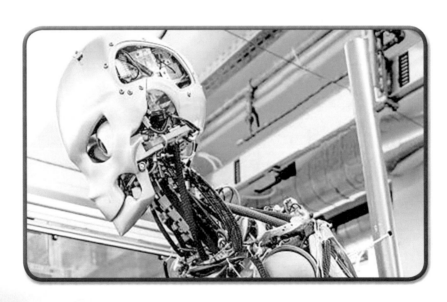

第 9 章

无所不能的机器人

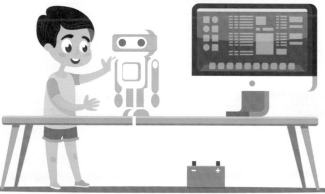

▶▶▶ 随着科技的日益发展，人们对智能机器人的预期越来越高。而科学家也正努力研制不同功能的机器人，以满足人们各方面的需要。

未来，智能机器人将向着更加智能的方向发展，可以预料，将来，在人们的日常生活中，机器人会无处不在。

机器人咖啡师 ····················

最近，在旧金山街头的一家新概念咖啡店 Cafe X 火了，从收银到咖啡调制全部由机器人完成。咖啡师在收到付款后会把一杯符合顾客要求的新鲜咖啡传递到其手中，光是完成这一系列动作就已经让人目瞪口呆了，更何况智能的咖啡师还能制作出不同花样的咖啡，这么新鲜的事情成功地引起了过往的路人驻足围观。

Cafe X 与传统的咖啡店不同，待在吧台的机器人咖啡

师被玻璃围了起来，顾客可以在吧台前的显示屏上点单，也可以通过手机 APP 或者平板电脑进行下单。菜单上品类丰富，且有不同种类的咖啡豆可供选择，售价在 2~3 美元。相比于星巴克，价格还是有一定优势的。

　　一杯香浓的咖啡做好之后，会盛放在杯子里，由一台三菱六轴机械臂送出，顾客只要输入 4 位验证码就可以取走咖啡，操作方便快捷。

 无人驾驶汽车 ....

谷歌无人驾驶汽车是谷歌公司研发出来的全自动驾驶汽车，不需要驾驶者就能启动、行驶以及停止。

这些车辆使用照相机、雷达感应器和激光

>>

测距机来"看"其他的交通状况，并且使用详细地图来为前方的道路导航。这些车辆比人驾驶的车更安全，因为它们能更迅速、更有效地对路况做出反应。

2005 年，塞巴斯蒂安特伦领导一个由斯坦福大学的学生和教师组成的团队设计出了斯坦利机器人汽车，该车在由美国国防部高级研究计划局举办的第二届"挑战"大赛中夺冠，该车在沙漠中行驶超过 212.43 千米。

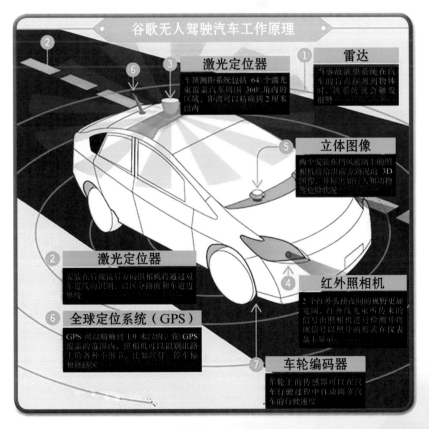

谷歌无人驾驶汽车工作原理

激光定位器
车顶测距系统包括 64 个激光束覆盖着汽车周围 360°角内的区域，距离可以精确到 2 厘米以内

雷达
当事故欲望系统在汽车的盲点探测到物体时，该系统就会触发报警

立体图像
两个安装在挡风玻璃上的照相机将给出前方路况的 3D 图像，并标出如行人和动物等危险状况

激光定位器
安装在后视镜后方的照相机将通过对车道线的识别，以区分路面和车道边界线

全球定位系统（GPS）
GPS 可以精确到 1.9 米以内。在 GPS 覆盖的范围内，照相机以识别出路上的各种小细节，比如红灯、停车标和修路区

红外照相机
2 个红外头使夜间的视野更加宽阔。红外线光束所传来的信号由照相机进行检测并将该信号以照片的形式在仪表盘上显示

车轮编码器
车轮上的传感器可以在汽车行驶过程中自动调节汽车的行驶速度

目前谷歌无人驾驶汽车已经行驶超过 48 万千米。技术人员表示：谷歌无人驾驶汽车通过摄像机、雷达传感器和激光测距仪来"看到"其他车辆，并使用详细的地图来进行导航。

车顶上的扫描器发射 64 束激光射线，然后激光碰到车辆周围的物体，又反射回来，这样就计算出了物体的距离。另一套在底部的系统测量出车辆在三个方向上的加速度、角速度等数据，然后再结合 GPS 数据计算出车辆的位置，所有这些数据与车载摄像机捕获的图像一起输入计算机，软件以极高的速度处理这些数据。这样，系统就可以非常迅速地作出判断。

 ## 会"花样溜冰"的机器人

机器人 Handle 虽然是钢铁制成的，但非常灵活敏捷。Handle 双脚为轮子，身高 1.98 米。个头极大，跑起来极快，每小时约 15 千米。

Handle 动力源自电力运行和液压驱动器，双手与双脚的摆动更利于运动平衡，满电续航约 24 千米，这个比起双腿行走的机器人要高很多。

Handle 不光会跑，跳跃能力甚为惊人，其垂直跳跃约 1.2 米的高度！瞧，Handle 跳跃起来，双手侧举，在空中保持着平衡，旋即又完美落地……像极了花样溜冰。这一套麻利的动作刷新了人类对机器人认识的新高度。

 机器人上战场 ·····················

　　2013 年，美国筹备一项名为"阿凡达"的军事机器人计划。凡是看过电影《阿凡达》的人都知道，"阿凡达"是由人类基因和外星人基因融合而成的人造肉体，这具肉体像手机接收无线电波一样，可受人类意识的远程控制。而美国想利用人工智能技术，创造出类似于"阿凡达"的智能机器人用于军事活动。

　　智能机器人一旦用于战争，将成为人类战争的又一大杀手锏。士兵们可以驱使机器人进行战前侦察、站岗放哨、实地突击等。

　　双足机器人一直是美国军方十分青睐的一款机器人，其中最具代表的就是机器人"Petman"。这款由美国波士顿动力公司一手打造的军用智能机器人，可以像人一样自由而灵活地做出奔跑、下蹲、跳跃、匍匐等动作。

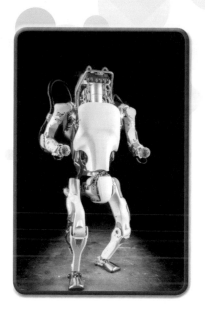

当"Petman"受到外部重击后，它能通过自身的平衡系统保持平衡；当遇到复杂地形时，它还能通过"眼睛"观察周围的情况，并自动避开障碍物，以防摔倒。

"Petman"还能对很多毒物质做出反应，例如，检测到空气中存在大量有毒物质时，它会及时报警，警告人们迅速撤离。它还能以每小时 5.1 千米的速度行进。

除了能在天空、地面作战，军用智能机器人还能在水中帮助人们作战。比如美国海军部门正在大力研发一种能在海中作战的探测型机器人，当海战爆发时，这种探测型机器人能够及时探测出水中是否有水雷，避免军舰受到水雷的袭击。

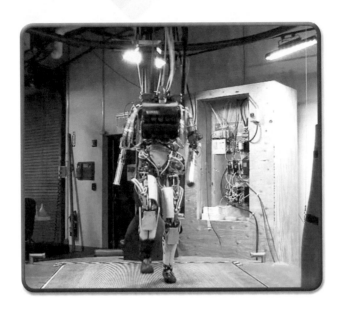

机器人演奏音乐

　　2011 年，意大利科学家研制出了一款能弹奏钢琴的智能机器人——"特奥特罗尼科"，它和人一样能用双手弹奏出美妙的乐曲，其外形也酷似彬彬有礼的钢琴家。而与人类不同的是，特奥特罗尼科是用 19 根手指来弹奏乐曲的。特奥特罗尼科具有惊人的音乐能力，比人弹奏得更快、更熟练。

　　特奥特罗尼科在 19 根手指的帮助下，能弹奏任何节奏的乐曲。无论是高频乐曲，还是低频乐曲，特奥特罗尼科都能弹奏得如行云流水，很少有像人类弹奏时的生涩感。

日本本田汽车公司发明了一款名为"阿西莫"的智能机器人，该机器人身高 1.3 米，全身白色，就像一个 10 岁的儿童。这款机器人有一个令人吃惊的功能——能担任乐队指挥。

音乐大厅座无虚席，机器人指挥家"阿西莫"缓缓走入场中，并在行走过程中向观众挥手示意。它先是礼貌地打招呼："大家好！"之后，才示意乐队开始演出。

演出时，"阿西莫"能像真正的指挥家那样，指挥自如。它还能像人一样不时点头，对乐队的演奏加以肯定，或者随着韵律节奏而自我陶醉。这种惊人的表现令整个乐队和现场的观众都惊叹不已。

 "读懂"你的大脑......................

科学家开发出一种能将脑活动转化为语音的解码器，这种脑机接口旨在帮助瘫痪患者，它能直接从大脑中"读取"患者的意图。

这套人类语音合成系统，通过解码与人类下颌、喉头、嘴唇和舌头动作相关的脑信号，并合成出受试者想要表达的语音。

理论上说，脑机接口技术可以通过直接从大脑"读取"

人的意图，并运用该信息来控制外部设备，甚至移动瘫痪的肢体。

目前，一些用于大脑控制打字的脑机接口技术，依赖于测量头部或眼睛的残余非语言运动，或者依赖于控制光标以逐个选择字母并拼出单词，已经可以帮助瘫痪的人通过设备每分钟输出 8 个单词。这个与自然语音每分钟 150 个单词的平均

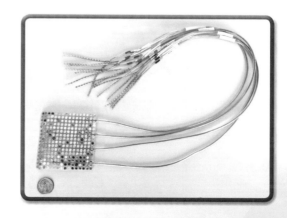

速度比起来，太慢了。科学家甚至探索，是否能直接通过大脑活动信号来合成语音。

研究人员挑选5名志愿者，进行了一项被称为"颅内监测"的实验，其中电极被用于监测大脑活动。

此次招募的5名志愿者同意测试虚拟语音发生器。每个志愿者都植入了一两个电极阵列：如图章大小的、包含几百个微电极的小垫，放置在大脑表面。

实验要求志愿者背诵几百个句子，电极会记录运动皮层中神经元的放电模式。研究人员将这些模式与志愿者在自然说话时嘴唇、舌头、喉部和下颌的微小运动联系起来。然后将这些动作翻译成口语化的句子。

最终，这套新系统每分钟能"读懂"志愿者大脑的想法，并生成 150 单词。

那么，机器是如何读懂大脑的呢?

研究人员设计了一种循环神经网络（RNN），首先将记录的皮质神经信号转化为声道咬合关节运动，然后将这些解码的运动转化为口语句子。

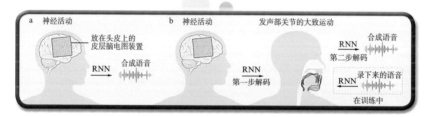

第一步，将神经信号转换成声道咬合部位的运动（红色），这其中涉及语音产生的解剖结构（嘴唇、舌头、喉和下颌）。而为了实现神经信号到声道咬合部位运动的转化，就需要大量声道运动与其神经活动相关联的数据。但研究人员又难以直接测量每个人的声道运动，因此他们建立了一个循环神经网络，根据以前收集的大量声道运动和语音记录数据库来建立关联。

第二步，将声道咬合部位的运动转换成合成语音。

不过，要使该系统真正成为一个临床可行的语音合成脑机接口，还存在许多挑战。或许不久的未来，机器真的能够"读懂"大脑中在想什么。

图中文字：a 神经活动　b 运动学　c 声学　d 合成　解码语音的波形

电极　0　2.5　时间（秒）　训练　训练　推断　原来语音　语音的波形

破解生命密码的人工智能 ·············

这一天，真的来了！

谷歌突然宣布：人工智能 AlphaFold（阿尔法福特）成功地预测了蛋白质的三维结构。

你可能觉得 AlphaFold 这个名字很熟悉，因为它和打败围棋高手的 AlphaGo（阿尔法狗），可谓孪生兄弟。只不过，后者是下围棋的，而前者，则是将其人工智能转向了人类科学中最棘手的领域——基因医疗科学！

蛋白质折叠

"蛋白质折叠"是一种令人难以置信的分子形式。所有生物都是由蛋白质构成的，蛋白质的结构决定了它的功能。一旦蛋白质折叠错误，就会导致糖尿病、帕金森病和阿尔茨海默病等疾病。

> 预测蛋白质折叠结构的意义非常重大，它会对健康、生态、环境产生重大影响。比如，通过设计出新的蛋白质，来抗击疾病、解决塑料污染等，应对众多世界难题。
>
> 为了开发 AlphaFold，谷歌用数千种已知蛋白质训练神经网络，直到它可以独立预测氨基酸的 3D 结构。
>
> 现在，谷歌 AlphaFold 成功预测蛋白质的三维结构表明，当人工智能与基因科学相结合，人类将进入一个非同寻常的新时代。

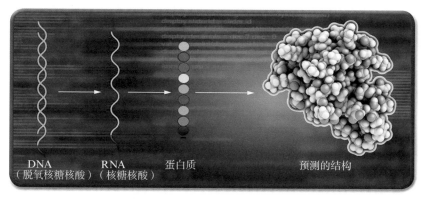

DNA　　　　RNA　　　 蛋白质　　　　　　　预测的结构
（脱氧核糖核酸）（核糖核酸）

谷歌人工智能开始进入基因科学和生物科学领域了。一场变革正在急速扑来！福兮？祸兮？

基因是 DNA 上有遗传效应的片段，人类的生、老、病、死等都与基因有关。这场基因革命一旦降临，将彻底改变世界乃至整个人类的未来。

正如谷歌人工智能预测蛋白质的三维结构表明的那

样，当代人工智能的兴起，更是给基因科学如虎添翼！现在，在人工智能和基因科学的相互作用、相得益彰下，人类正在越来越快地向"不死之地"迈进。

第一阶段，人工智能和基因检测的结合，使得成千上万人接受由人工智能给出的生命预测。

第二阶段，人工智能医生将逐渐取代目前最优秀的医生，用基因治疗的方法，重塑体内一切组织和器官的活性。

在这一阶段，大批医生将由知晓无数人类病历的人工智能医生替代。

人工智能能为病人添加那个缺少的基因，删除不好的基因。靶向药扫荡癌细胞，DNA 编程逆转衰老，干细胞被改写，上帝的密码防线逐渐崩溃。

第三阶段，人工智能开始大规模改造人类体内的"生命软件"，即人体内被称为基因的 23000 个"小程序"，通过重新编程，帮助人类远离疾病和衰老。

到了 2045 年，人工智能的创造力将达到巅峰，超过今天所有人类智能总和的 10 亿倍。到了那时，人类将彻底改造基因的编程，上千年不再使用的陈旧基因将被抛弃，我们的生命升级成为一个更高级的操作系统。

在这一阶段，人类不仅能做到延缓衰老，更可以返老

>>

还童：到那时，80 岁的你，看上去只有 40 岁的样子。

人工智能＋基因科学掀起的更大浪潮，正在席卷而至！它对人类社会家庭乃至整个社会的冲击，将是前所未有的。

第 10 章

机器人与你交流情感

▶▶▶ 2014 年 6 月 5 日，软银集团隆重推出情感识别型机器人"胡椒（Pepper）"。发布会伊始，软银集团董事长孙·正义先生将一枚熠熠闪光的红心递到"胡椒"手中。它将红心按向自己胸前的触摸屏。红心·融入屏幕后，便发出闪闪的光芒！

"胡椒"是一台"拥有感情"的机器人，可要真的论起来，"情感"机器人也有不少！

 你感觉如何 •••••••••••••

其实，情感机器人的发展要追溯到 20 世纪 60 年代计算机心理治疗师"伊莉莎"的诞生。1964 年，美国科学家约瑟夫·维森鲍姆教授创制了伊莉莎。

伊莉莎机器人能和你聊天，不过，它并不了解话语的意思是什么。譬如它会把患者所说的"我一直在想我父亲"，变成一个问题："你为什么一直在想你父亲呢?"而并非了解其中的含义。下面，就是伊莉莎和一名年轻女性的对话经过。

女子：男人都一样。

伊莉莎：哪些方面?

女子：他们总会拿这样那样的事情来烦我们。

伊莉莎：你能举个具体的例子吗？

女子：唉，是男朋友要我来这儿的。

伊莉莎：你男朋友让你来这儿？

女子：他说我总是抑郁。

伊莉莎：听到你说自己抑郁，我挺抱歉。

女子：真的。我不开心。

伊莉莎：你觉得来这儿能让你变得没那么不开心吗？

事实上，伊莉莎和心理疾病患者之间的谈话，是它对心理治疗师的"拙劣模仿"。可很多患者非常喜欢伊莉莎，有人还建议不妨把伊莉莎开发成临床工具，治疗更多的心理疾病患者。无论如何，伊莉莎展示了用计算机处理自然语言的合理性，这让它的开发者大为震惊。

和若丸牵手散步

2003 年 2 月，日本三菱重工发布了一款生活助理机器人若丸。若丸由设计师喜多俊之先生设计，高 1 米，宽 45 厘米，质量约 30 千克。它的肢体动作采用 Linux 系统控制，可连接网络获取各类信息。

若丸能识别、应对1万条语音，并且具备脸部认证功能，即预先输入人脸图像（最多10人），就能通过机体摄像头拍到的画面认出对方，开始交流。此外，它还搭载了红外线、超声波等传感器，底部的轮轴使它能自由移动，可以克服1厘米高的障碍物。

它的内置电池续航能力为2小时，电量不足时还会自动回到电站充电。

互联网在线功能方面，若丸可以提供日程提醒服务，还能帮忙看家，它通过摄像头拍下家中情况供用户远距离监控，如有异动便发邮件通知。

若丸在护理领域也能发挥作用。针对独居老人和有健康问题的用户开发了看家、看护、紧急呼叫和健康管理等功能。

2008年，它曾在美国纽约的优衣库店里担任店员，顾客还能和若丸牵手，在商场内散步。

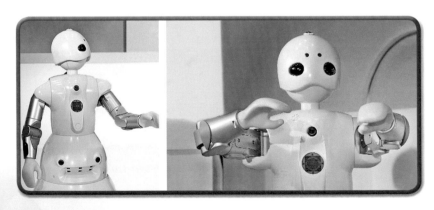

陪伴老人的派罗 •••••••••••••••••••••

2010年3月，富士软件开发了派罗（PALRO）机器人，这是一款主要用于护理老人的机器人。

派罗身高约40厘米，质量约1.6千克，能挥动手臂、跳舞、走路。头部内置识别人类语音的麦克风，和大多数机器人一样，它能辨别声音是从哪里来的。头上安装了摄像头，用来解析图像、拍摄照片，能识别肤色，并能凭借脸部特征认出这个人。

此外，机器人体内装了 50 多种娱乐程序，主要包括游戏、猜谜、跳舞等。在陪伴老人时，它会像主持人一样，带领老人做操、玩游戏和猜谜语。

派罗能从云端下载新的娱乐节目，每天提供不同的节目内容，让老人们不会感到厌烦。老年人独处时有了它的陪伴，极大地提高了生活品质。

逗人开心的"胡椒"

2014 年夏天，一款名为"胡椒"（Pepper）的机器人在日本千叶县的记者发布会上亮相了。

"胡椒"机器人身高 121 厘米，体重 28 千克。它身上不光安装了摄像头、加速器，还有触觉感应器，更重要的是，还安装了"类似内分泌系统的多层神经网络"。因此，"胡椒"能很容易地识别人类的音调和情绪变化，进而做出不同反应。比如说，当主人心情暴躁时，"胡椒"会说出一些宽慰人心的话，或者跳一支舞。

从技术角度来说，"触觉感应"系统和"类似内分泌系统的多层神经网络"是"胡椒"机器人的核心技术。正是由于这两大系统的存在，才使得"胡椒"能感知人类情感变化。

　　"胡椒"体内被植入可以感知温度、空气湿度，以及外界压力变化的触控系统。在它的帮助下，"胡椒"就有了和人类类似的感知能力。比如给"胡椒"一个水杯，它就能快速分析出抓举物体的材质类别，随即调整握力，以避免将水杯捏碎。而假如将"胡椒"关进一间漆黑的屋子里，安装在它体内的感光系统又会发出信号，指挥"胡椒"做出恐惧的神情。

　　此外，科学家通过等量模拟计算出一个正常生物所需的内分泌系统数值，然后根据这个数值设定出一整套"机器人内分泌系统"，并且用神经网络电路来感应、控制机器人的行为。

机器人"胡椒"依靠"内分泌系统"，感知主人不同的神情变化，做出不同反应，来宽慰主人、逗主人发笑。而"胡椒"的面世则表明，人类对于机器人的研发，已不再停留在生产工作上，精神层面的心理慰藉也同样被提上了日程。

人和机器人会恋爱吗 ··················

有一天，法国艺术家塞萨尔·沃克绘制了一幅未来女机器人的解剖图。该机器人很像服装店里的人体模型，而内部全是各种电路和电线。

一位机器人专家打趣地说："如果真有这样的机器人出

现，我会选择和她谈恋爱。"这句话也许只是玩笑，但从一个侧面说明了机器人在未来，能或多或少地抚慰我们的心灵。

日本机械学家石黑浩研发了一款名为"Genminoid"的美女机器人，它有着仿真的披肩长发，细长的眼睛，穿上丝袜和高跟鞋后，性感十足。最重要的是，它在做眨眼这样的细微动作时，非常自然，我们如果不仔细看，根本无法辨识眼前这个"尤物"是真人还是机器人。

但即便是这样一个高仿真的机器人，还是有很多缺点：比如协调能力差。美女机器人在行走时非常缓慢，而且必须弯着膝盖，如果在复杂的路面上行走会表现得很古

怪，仿佛喝醉酒一般。

此外，理解和感知能力非常低级，只能识别一小部分物体，比如圆形水杯或者动物的脸，如果遇上生活中各种各样的物品，它就力不从心了。

其实，当今的情感机器人还无法模拟人类的情感，智能机器人经过了几十年的发展虽然已经有了质的突破，但离成熟期还差得很远，全球范围内，功能再强大的智能机器人也无法产生人类的喜怒哀乐。最根本的原因，就是人类无法用物理学、数学模型或者科学公式解析人们的情绪反应。

（因寻找未果，请本书中相关图片的著作权人见此信息与我们联系，电话 021-66613542）